**Bibliografische Information der Deutschen Nationalbibliothek:**

Die Deutsche Bibliothek verzeichnet diese Publikation in der Deutschen National-
bibliografie; detaillierte bibliografische Daten sind im Internet über http://dnb.d-
nb.de/ abrufbar.

**Impressum:**

Copyright © 2009 GRIN Verlag, Open Publishing GmbH
Druck und Bindung: Books on Demand GmbH, Norderstedt Germany
ISBN: 9783640623006

**Dieses Buch bei GRIN:**

http://www.grin.com/de/e-book/150473/einfluss-des-floessens-von-rundholz-auf-
dessen-resistenz-gegen-hausbock

Michael Scholz

# Einfluss des Flößens von Rundholz auf dessen Resistenz gegen Hausbock

GRIN Verlag

# Technische Universität Dresden
## Fakultät Forst-, Geo- und Hydrowissenschaften
### Fachrichtung Forstwissenschaften

---

**Beleg - Modul B37**
**Praxisorientierte Anschauung, Erfassung und Regulation von biotischen Schadfaktoren
und Schäden in Wäldern**

**Thema:**
**Einfluss des Flößens von Rundholz auf dessen Resistenz gegen Hausbock.**

**Eingereicht von**

Michael Scholz

Dresden (2009)

# Inhaltsverzeichnis

# Abbildungsverzeichnis

# 1. Einleitung und Methodik

Mit dieser Arbeit soll die vorliegende Annahme gewertet werden, inwieweit und in welchem Ausmaß das Flößen eine Resistenz des Rohholzes gegenüber dem Hausbockkäferbefall bewirkt.

Dazu musste sich eingehend mit der Biologie des Hausbockkäfers (*Hylotrupes bajulus*) und der Besonderheit von geflößtem Rohholz beschäftigt werden.

Bezüglich *Hylotrupes bajulus* waren insbesondere die Betrachtung von Lebensbedingungen, Lebensweise, sowie der essentiellen Nahrungsbestandteile im Holz von großer Bedeutung. Ebenso wichtig war eine Charakterisierung von Floßholz und inwieweit dieses speziellere Rohholz strukturellen oder chemischen Veränderungen unterliegt, welche eine Resistenz letztendlich bewirken könnten.

Um einen ausreichenden Überblick über die Thematik zu erlangen, war das durchforsten einiger Monographien notwendig und insbesondere, bedingt durch die recht spezielle Thematik, dies wissenschaftlicher Publikationen aus Fachzeitschriften.

Nach Schaffung des Grundlagenwissens konnte mit einer gedanklichen Konstruktion, Gliederung und anschließenden Ausarbeitung begonnen werden. Dazu insbesondere welche Ursprünge diese Annahme hat, welche Relevanz sie spielt und ob diese letztendlich einer Verifizierung stand halten kann.

# 2. Hausbock (*Hylotrupes bajulus*)

## 2.1 Systematik und Morphologie

Hier soll nur auf den Imago und die Larve eingegangen werden, da diese die relevanten Erscheinungsformen bezüglich der Thematik sind. Ei und Puppe werden außen vor gelassen.

Der Hausbock gehört zur Ordnung der Käfer (Coleoptera) und innerhalb der Familie der Bockkäfer (Cerymbycidae) zur Gattung Hylotrupes.

Der Körper und die Flügeldecken der Imagines sind schwarz, bis schwarzbraun oder auch braun gefärbt (s. Abb. 1). Die Körperlänge schwankt zwischen 8 und 25 mm, wobei das Weibchen etwas größer ist als das Männchen.

Besondere Erkennungsmerkmale des Hausbockkäfers sind die zwei sich auf dem dicht behaarten Halsschild befindlichen schwarz glänzenden Wölbungen. Ebenso sind die ein bis zwei gelblichweißen bis grauweißen haarigen unterbrochenen Querbinden auf den Flügeldecken charakteristisch. Die Beine sind schlank mit verdickten Schenkeln, die Fühler sind dünn und erreichen etwa halbe Körperlänge.

Die gelblichweißen Larven von *Hylotrupes bajulus* (s. Abb. 1) sind im ausgewachsenen Zustand ca. 15 bis 30 mm groß. Der langgestreckte, segmentierte Körper ist im Querschnitt oval und kaum erkennbar behaart. Am vorderen Brustsegment befinden sich drei rudimentäre Beinpaare. Der Kopf ist neben den Fühlerbasen jeweils durch drei senkrechte Punktaugen gekennzeichnet.

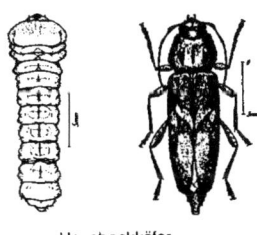

Hausbockkäfer

Abb. 1: schematische Darstellung von Larve und Imago des Hausbockkäfers (GROSSER, 1985)

## 2.2 Lebensbedingungen und Lebensweise

Der Hausbockkäfer hat von den anthropogenen Veränderungen in der Umwelt stark profitiert. So wurde ihm das Totholz im Wald zwar größtenteils als Lebensraum genommen, aber gleichzeitig mit der massiven Verwendung von Holz, insbesondere im Innenbereich, exzellente Biotope geschaffen. Das Paradebeispiel eines solchen Biotops sind trockene und warme Dachstühle. Dabei unterliegt ausschließlich Nadelholz, vorrangig Kiefer, Fichte, Lärche, Tanne und Douglasie einem Befall (GROSSER, 1985). Hinzu kommt, dass fast nur das Splintholz von den *Hylotrupes bajulus* Larven zerfressen wird, dass Kernholz oder Reifholz bleibt weitgehend verschont (GROSSER, 1985).

Die Larven gelangen über Eier, welche vom befruchteten Hausbockkäfer-Weibchen mit einer Legeröhre in kleine Risse oder Spalten (Trockenrisse) an der unberindeten Holzoberfläche eingebracht werden, ins Holzinnere (SCHMIDT, 1951).

Die optimale Umgebungstemperatur für die Entwicklung der Larven liegt hier bei 28° bis 30° C, das Holzfeuchte-Optimum bei 28 bis 30%, bei dauerhafter Holzfeuchte unter 8 bis 10% sterben diese schließlich ab (GROSSER, 1985). Somit kommt für die Käfer als Eiablagebasis neben den Nadelhölzern nur Trockenholz in Betracht (Trockenholzinsekten).

Die Entwicklungszeit des Bockkäfers vom Ei bis zum Imago, schwankt sehr stark und korreliert mit verschiedenen Faktoren (Nahrungsbestandteile im Holz, Temperatur, Feuchte, etc.). So liegt die Entwicklungszeit meist bei 3 bis 5 oder 6 Jahren, kann aber auch bis 12 oder deutlich mehr Jahren andauern (GROSSER, 1985). Die Flug- und Paarungszeit der Imagines liegt im Juni bis August. Vorrangig wird junges Holz befallen, welches die entsprechende Holzfeuchte aufweist.

## 2.3 Larvenfraß

Besondere Beachtung soll der Larvenfraß an dieser Stelle bekommen, da dessen Kenntnis von besonderer Relevanz hinsichtlich des Verständnisses der Thematik ist.

Nach dem Schlupf der Larven, fressen diese sich aus den äußeren Splintholzzonen in weiter innen liegende Bereiche vor. Die Fraßgänge der Larven sind oval, bedingt durch ihre Körperform, und unregelmäßig angelegt. Ebenso kann ein Platzfraß in besonders nährstoffreichen Abschnitten stattfinden (GROSSER, 1985).

Die Frühholzbereiche werden durch ihre weichere Konsistenz bevorzugt gefressen, wobei die härteren Spätholzbereiche lamellenartig zurück bleiben (GROSSER, 1985). Die leicht wellenförmigen Fraßgänge sind mit feinem Bohrmehl und Kotausscheidungen versehen.

Die Fraßtätigkeiten können so weit führen, dass vom Holzkörper nur noch eine papierdünne Schicht zurück bleibt. Auf dieser sind dann 5 bis 10 mm große Ausfluglöcher der Imagines auffindbar. Aus Ausfluglöchern und Schwindrissen kann nun Bohrmehl heraus rieseln, welches für einen aktuellen Befall mit Hausbock, aber eventuell auch anderen Käfern, spricht.

## 2.4 Relevante Holzbestandteile bezüglich Ernährungsphysiologie und deren Verteilung im Holz

### 2.4.1 Kohlenhydrate

Die Larven sind befähigt durch körpereigene Cellulase, Lichenase und Amylase, welche von SCHLOTTKE und BECKER 1942 nachgewiesen wurden, in ihrem Darm Cellulose und Hemicellulose abzubauen (FALEK und HORN, 1930).

Von der im Splintholz aufgenommenen Cellulose werden relativ gesehen nur 16 Prozent von der aufgenommenen Gesamtmasse verdaut, bei den Hemicellulosen sind es nur 6 Prozent (BECKER, 1963). Die aufgeführten Werte zeigen, wie gering die Ausnutzung der Kohlenhydrate durch die Käferlarven im unbehandelten Holz erfolgt.

Die Holzzerstörung durch den Fraß der Larven ist umso größer, je ineffizienter die Kohlenhydrat-Ausnutzung ist. Diese ist u.a. temperaturabhängig und steigt mit abnehmender Temperatur zwischen 28° und 20° C etwas an (BECKER, 1963).

## 2.4.2 Proteine

Prinzipiell gibt es 2 Hauptgruppen, diese sind neben den meist nichtwasserlöslichen fibrillären Proteinen die wasserlöslichen globulären Proteine. Sie erfüllen die unterschiedlichsten Aufgaben in den Nadelhölzern, wie z.b. Membranrezeptoren, Hormone, etc.

Dem Gehalt des Splintholzes an Proteinen kommt bei der Larvenentwicklung von *Hylotrupes bajulus* eine besonders große Bedeutung zu.

Die Wachstumsgeschwindigkeit der *Hylotrupes bajulus*-Larven entspricht nachweislich der Eiweißverteilung über den Stammquerschnitt hinweg (BECKER, 1963).

Nach den Untersuchungen von BECKER (1963) scheint ein Grenzwert von 0,2% an Proteinen, bezogen auf das Gesamtholzgewicht, die untere Entwicklungsgrenze für die Larven zu sein. Dieser Fakt scheint insofern interessant, dass man mit diesem Grenzwert eine Zahl hätte, welche klar gegen oder für einen Befall eines bestimmten Holzkörpers spricht. Besonders hinsichtlich einer möglichen Veränderung von geflößtem Holz, welches eingangs eventuell höhere Gehalte an Proteinen aufweist. Dieser Aspekt wird in Kapitel 3.2 noch einmal detaillierter betrachtet. Kritisch sei hier noch anzumerken, dass der Begriff Gesamtholzgewicht von BECKER ohne die Angabe eines Feuchtegehaltes etwas an Aussagekraft verliert.

Doch die alleinige Angabe des Proteingehalts eines bestimmten Holzes sagt noch nichts über die Eignung als Nahrung für die Hausbock-Larven aus, so muss auch der Vitamin-Gehalt hier mit einbezogen werden, siehe Kapitel 2.4.3 (BECKER, 1963).

Die lange Entwicklungsdauer der Larven ist hauptsächlich auf den allgemein geringen Proteingehalt von Holz zurückzuführen. Wobei die Larven, bedingt durch die Proteinverteilung, in den äußeren Stammbereichen schneller wachsen als in den inneren (SCHUCH 1954, BECKER 1963). Da der Gehalt an Proteinen in den äußeren Jahrringen stets am Größten ist und zu den inneren Bereichen hin absinkt (BECKER, 1963).

Bei älterem Nadelholz ist kein Verlust, sondern die chemische Veränderung der Proteine für einen tendenziell geringeren Hausbock-Befall verantwortlich. Ebenso erfahren die Proteine durch Beregnung eine Veränderung hinsichtlich ihrer chemischen Struktur (BECKER, 1963). Somit ergibt sich ein weiterer Hinweis darauf, welcher den Einfluss von Wasser und einer positiven Veränderung gegenüber der Hausbockbefallswahrscheinlichkeit vermuten lässt.

## 2.4.3 Vitamine und Sterole

Bezüglich des Nahrungsgehaltes spielen für die Hausbock-Larven nachweislich die B-Vitamine eine bedeutende Rolle, vor allem Vitamin $B_2$. Auch der geringere Befall von älterem Holz ist auf den niedrigen Gehalt der wenig beständigen B-Vitamine zurück zu führen (BECKER, 1963).

Weiterhin ist der Gehalt an Sterolen nach RASSMUSEN (1950) ein für Insekten wichtiger Nahrungsbestandteil.

## 2.4.4  Harze, ätherische Öle, phenolische Verbindungen

Die im Nadelholz enthaltenen Harze und ätherischen Öle dämmen nach BECKER (1963) die Entwicklung der Larven ein.

Die Zusammensetzung und die Masse des Lignins im Holz spielen für die Larvenentwicklung keine Rolle, zumindest findet sich darauf kein Hinweis in der Literatur wieder. Die Dauerhaftigkeit des Kernholzes ist auf phenolische Verbindungen zurückzuführen, wobei sich β-Thujapliein als besonders toxisch erwies (BECKER, 1963).

# 3.  Floßholz

Floßholz ist „Rundholz (Nadelholz), das auf dem Wasserweg befördert wurde [...] und i.d.R. über 8 Wochen im Wasser gelegen hat. Bei F. besteht die Gefahr des Bakterien-Befalls" (LOHMANN, 2003).

Da der Hausbock ausschließlich das Holz befällt, wird bei den weiteren Betrachtungen die Rinde ausser acht gelassen. Dies schließt sich auch über die Definition nach der Forst-HKS (forstliche Holzklassensortierung) § 1 Abs. 2 von Rohholz, welches hier Betrachtungsgegenstand ist nicht aus: „Rohholz ist gefälltes, entwipfeltes und entastetes Holz, auch wenn es entrindet, abgelängt oder gespalten ist." (Bundesministerium für Ernährung, Landwirtschaft und Forsten, 1983).

Bei Stämmen mit Rinde würde es durch das Flößen zu einer Auswaschung der wasserlöslichen Gerbsäure aus der Rinde kommen. Dieser Sachverhalt ist für ein späteres rindenlosen Holzstück und der Befallswahrscheinlichkeit für Hausbock nicht relevant.

## *3.1    Ursprünge der Annahme einer Resistenz gegen Hausbockbefall*

Die Annahme, dass Floßholz gegenüber einem Hausbock-Befall resistent sei, rührt daher, dass die Nahrungsbestandteile der Larven aus dem Holz ausgewaschen werden. Um diese Annahme zu unterlegen, haben sich einige Wissenschaftler bemüht mit verschiedenen Untersuchungen diesen Sachverhalt nachzuweisen.

Die Geburtsstunde dieser Überlegungen könnte um das Jahr 1920 liegen, da nach SCHUCH (1954) dort ECKSTEIN aufgrund schwerwiegender Zerstörungen in Dänemark durch die Hausbock-Larven, dem bis dahin wenig beachteten Insekt Aufmerksamkeit schenkte (s. Kapitel 3.2). Somit konnte das Schadbild mit dem konkreten Schädling verknüpft werden und es konnte nach Erklärungen gesucht werden, weshalb dieses Phänomen in vergangener Zeit scheinbar nicht auftrat.

In einer Publikation aus dem Jahr 1927 beschreibt BRAßLER die Möglichkeit einer Auslaugung von Holz. Hier sollen durch Flößen oder künstliche Verfahren Mineralsalze und alle Eiweiße aus dem Holz ausgelaugt werden. Die Idee BRAßLERs ist, dass das Wasser durch die Holzporen eintritt und auf Grundlage der Diffusionsgesetzte die Säfte nach außen gelangen. Nach dieser Behandlung soll das Holz seine hygroskopischen Eigenschaften verloren haben und vollständig zu trocknen sein: „Nun ist das Holz so weit, daß es als vollkommen trocken und als vollkommen gesichert gegen tierischen und pilzlichen Befall, gelten kann (BRAßLER, 1927)." Diese Überlegungen und Untersuchungen sind aus heutiger Sicht nicht mehr haltbar, auch wenn BRAßLER noch von einer „real existierenden Prophylaxe gegen jeglichen Schädlingsbefall" sprach.

So ist der Begriff Säfte, in dem genannten Zusammenhang vielleicht noch unglücklich gewählt, da dieser eigentlich die kohlenhydrathaltige Lösung in den Frühholztracheiden und den Holzstrahltracheiden der Nadelhölzer beschreibt, gemeint sind von BRAßLER aber die Proteine und Salze, wie oben bereits erwähnt.

Bedacht wurde von BRAßLER jedoch eindeutig nicht, dass keine vollständige Durchtränkung und Auslaugung des Holzkörpers statt finden kann. So kann das Wasser zwar über angeschnittene Zellen der Holzoberfläche, über Holzstrahlen, sowie mögliche Risse eindringen (LEIßE, 1992), aber nur bis zu einem gewissen Grad.

So ist das Eindringen des Wassers an den Hirnflächen hauptsächlich über die angeschnittenen Zellen im Querschnitt in axialer Richtung möglich. Die Schnittrichtung von Holz, bei der grundsätzlich die meiste Flüssigkeit aufgenommen werden kann. An den Mantelflächen hingegen ist ein Eindringen nur in axialer Richtung über die Holzstrahlen, weiterhin auch über eventuell angeschnittene Zellen durch Einschnitte beim Entrinden, möglich.

An beiden betrachteten Oberflächen spielen auch eventuell vorhandene Risse und Öffnungen für einen Wassereinfluss. Der Transport des Wassers im Inneren des Holzes wird durch Kapillarkräfte ermöglicht, welche ebenso limitiert sind, wie die oben genannten Eintrittsporten. Ein letztmöglicher Faktor, welcher gegen eine vollständige Auswaschung spricht ist der, dass das Eindringverhalten des Wassers vom Fasersättigungsbereich abhängig ist (LEIßE, 1992). So strömt Wasser unterhalb des Fasersättigungsbereiches problemlos in die Kapillaren ein, oberhalb dieses kommt es hauptsächlich zu Diffusionsprozessen (LEIßE, 1992) zwischen den ausgewaschenen Stoffen des freien Wassers im Holz und dem umgebenden Floßwasser. Die Diffusionsprozesse laufen bis maximal zum Punkt des Ausgleichs der Stoffkonzentrationen, nicht jedoch bis alle „störenden" Stoffe entfernt sind, so wie es der Wunsch BRAßLERS ist.

In welchem Ausmaß diese Prozesse nun letztendlich statt finden hängt von verschiedenen Faktoren ab, wobei nähere Betrachtungen innerhalb dieser Arbeit zu weit ausschweifen würden. Es sollte jedoch klar geworden sein, dass es nicht möglich ist, bedingt durch die erwähnten biologischen und physikalischen Gegebenheiten, einen Holzkörper so mit Wasser zu durchtränken, dass aus diesem Mineralsalze und alle Eiweiße ausgelaugt werden.

Weiterhin verliert Holz auch nicht seine Hygroskopie, auf dessen Grundlage hier die Resistenz letztendlich basiert, da diese nicht nur auf chemischen Substanzen beruht, sondern vor allem auch auf der Porosität des Gesamtkörpers.

Im Übrigen hegte LIESE schon 1929 Zweifel an den Ausarbeitungen BRAßLERs.


## 3.2   Veränderungen des Rohholzes durch Flößen

Wie einige Publikationen von Wissenschaftlern zeigen und wie bereits erwähnt, basiert die Überlegung einer erhöhten Resistenz von Floßholz auf der Grundlage, dass bestimmte Stoffgruppen aus dem Holz ausgewaschen werden. Daher sei an dieser Stelle auf zwei interessante Untersuchungen diesbezüglich eingegangen.

Die Kohlenhydrate sind bei den Betrachtungen gegenüber einer möglichen Veränderung durch das Flößen nicht von Bedeutung, da diese erstens im Überfluss vorliegen und zweitens in den für die Larven relevanten Formen von Cellulose und Hemicellulose nicht wasserlöslich sind.

Wie in Kapitel 2.4.2 bereits erwähnt sind globuläre Proteine wasserlöslich und sollen somit als der wichtigste Nahrungsbestandteil der *Hylotrupes bajulus*-Larven hier besonders Beachtung finden, ebenso die zweitwichtigste Gruppe der B-Vitamine.

Die Harze, ätherischen Öle und phenolischen Verbindungen können ausgeschlossen werden, da deren mögliche Auswaschung eher zu einer höheren Befallswahrscheinlichkeit führen würde und somit für Resistenzüberlegungen nicht relevant sind.

Die erste wissenschaftliche Untersuchung um eine mögliche Resistenz gegen den Hausbock-Befall von geflößtem Rohholz lieferte ECKSTEIN (1920). Dieser setzte Larven von *Hulotrupes bajulus* in mehrere geflößte und ungeflößte Kiefern, Fichten und Tannen ein. Aus heutiger wissenschaftlicher Sicht, lassen sich daraus jedoch keine eindeutigen Schlüsse ziehen, da Larven teilweiße stark zeitversetzt, in zu geringer Anzahl eingesetzt wurden oder die Beobachtungen in zu großen Abständen notiert wurden. Erkennbar ist nur, dass die Larven in beiden Holzgruppen fressen, aber auch ebenso Individuen absterben. Auch der Autor selbst zieht keine Schlüsse aus den Ergebnissen in seiner Arbeit.

Erst 1969 sind KNUDSEN et al. der Vermutung ausführlich mit Kiefern- und Fichtenholz auf den Grund gegangen. Dabei wurden für die Experimente drei verschiedene Lagerungsorte ausgewählt: Land, Süßwasser und Meerwasser. Dazu wurde dann die jeweilige Larvenanzahl und das dazugehörige Gewicht erfasst.

Die Ergebnisse zeigten schließlich, dass das mittlere Larvengewicht im Meerwasser am geringsten ist: bei Fichte 6,4 mg und bei Kiefer 13,3 mg. Derer im Süßwasser lag im mittleren Bereich: bei Fichte: 15,3 mg und bei Kiefer 26,7 mg. Die Gewichte der vom Land stammenden Larven war am Größten: bei Fichte: 62,8 mg und bei Kiefer, etwas abweichend mit 18,4 mg. Wobei die Kiefer an Land mit Bläue befallen war und dadurch etwas aus dem Rahmen fiel.

Diese hätte wohl unter Normalzustand den gleichen Effekt gezeigt, wie dies aus den anderen Messungen zu erwarten war, diese Meinung vertreten auch KNUDSEN et al. Die Gewichtsverteilung bezüglich der Lagermedien und der Holzarten sind in Abb. 2 und 3 in Gewichtsklassen verteilt dargestellt. So haben sich zwischen den Lagerorten bei Fichte signifikante Unterschiede ergeben, wobei dies bei Kiefer nicht der Fall war (KNUDSEN et al.).

Diese Ergebnisse zeigen letztendlich, zumindest für die Fichte, dass Süßwasser Nährstoffe, welche folglich nur Proteine und B-Vitamine sein können, wie die vorangegangenen Überlegungen gezeigt haben, aus dem Holz löst. Somit enthalten die äußeren Jahrringe eine geringere Konzentration als dies im ungeflößten Zustand der Fall wäre. Das Wasser dringt soweit in das Holz ein, wie es die kapillaren Saugkräfte zulassen. In den mit Wasser gefüllten Kapillaren lösen sich nun zum Teil die wasserlöslichen Proteine und B-Vitamine aus den Zellwänden oder werden in ihrer chemischen Struktur verändert. Weiterhin führen Diffusionsprozesse zwischen den mit Lösung gefüllten Kapillaren und dem umgebenden Wasser zu einer Auswaschung dieser Stoffgruppen.

Beim Meerwasser kommt hinzu, dass zusätzlich Salze in das Holz eingelagert werden, welches die Resistenz erhöht.

Diese Vorgänge führen letztendlich alle dazu, dass die Hausbocklarven in den äußeren Jahrringzonen mehr Material umsetzen müssen, um die benötigten Nährstoffe für ein optimales Gedeihen aufnehmen zu können, was zu einem verlangsamten Wachstum und einer erhöhten Entwicklungszeit führt.

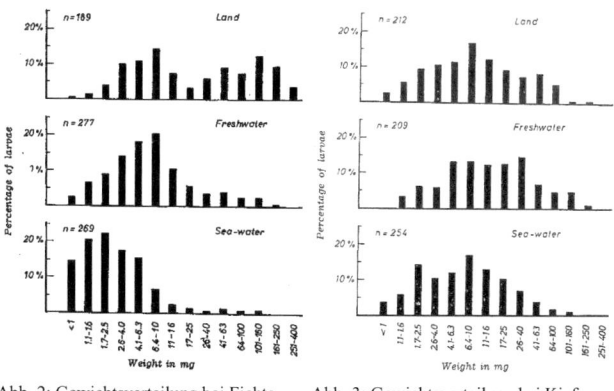

Abb. 2: Gewichtsverteilung bei Fichte,  Abb. 3: Gewichtsverteilung bei Kiefer
(KNUDSEN et al., 1969)       (KNUDSEN et al., 1969)

# 4. Relevanz und mögliche Verifizierung

Heutzutage hält die Annahme, dass geflößtes Rundholz resistent gegen einen Hausbockbefall wäre, keiner wissenschaftlichen Untersuchung mehr stand. So lieferten früher ungeeignete oder ungenaue Versuchsdurchführungen falsche Ergebnisse. Nicht zuletzt durch Verwendung von Laubholz und stärkerer Nadelbauhölzer mit einem entsprechend hohen Anteil an befallsfreiem Kernholz. Daher fiel ein Befall eventuell nicht sofort, bzw. war von geringerem Belang. Erst mit einem sparsameren Umgang, der vermehrten Verwendung von Nadelholz, Splintholz und der Etablierung anderer Transportmöglichkeiten konnte sich die Idee einer Resistenz in den Köpfen der Holzbauer ausgebildet haben, ohne nach dem wahren Grund zu forschen.

Ein weiterer erwähnenswerter Punkt ist der, dass zu mindestens für Fichte von KUNDSEN et al. Bewiesen wurde, dass es zwar zu einer gewissen Auswaschung an Nährstoffen kommt. Dies jedoch nur in einem begrenzten Umfang statt findet und es maximal zu einer Entwicklungsverzögerung der *Hylotrupes bajulus*-Larven kommt. Anfänglich mag das im Vergleich zu ungeflößten Holz so aussehen, als ob kein Befall statt gefunden habe, da die Ausfluglöcher der Imago deutlich später auftreten. Letztendlich jedoch ist der Fraßschaden umso größer, da die Larve umso mehr Substanz zerstören konnte.

Trotz dessen ist in der Praxis noch immer die Annahme verbreitet, dass Floßholz gegen einen Insekten- und Pilzbefall geschützt ist (WILLEITNER, 2003). Somit hat dieser Mythos auch heute noch Relevanz und wird auch entsprechend beachtet.

# 5. Zusammenfassung

Die vorangegangenen Ausarbeitungen haben gezeigt, dass die Aussage Floßholz sei gegenüber einem Hausbock-Befall resistent nicht haltbar ist. So mag dies einige Jahre nach dem Verbau solcher Hölzer den Anschein haben, da keine äußeren Anzeichen in Form von Ausfluglöchern sichtbar werden.

Die Auswaschung wasserlöslicher Nahrungsbestandteile aus den äußeren Jahrringzonen, in Form von Proteinen und B-Vitaminen, sorgt dafür, dass sich die *Hylotrupes bajulus*-Larven nur langsam entwickeln können. Eine Tatsache, bei welcher überlegt werden sollte, ob es überhaupt Sinn macht Floßholz an Gefährdungsorten zu verbauen, da sich so ein Befall erst spät zeigen könnte und somit die Zerstörung schon weit fortgeschritten sein könnte. So wäre es durchaus besser, Holz mit einem vollen Nährwert für die Larven zu verbauen, um einen Befall so früh wie möglich zu bemerken oder entsprechend die Möglichkeiten des Holzschutzes auszunutzen.

Das Floßholz spielt in der BRD keine Rolle mehr, aber in ähnlicher Form laufen die Auswaschungsprozesse von Stoffen auch in nassgelagertem Rohholz ab, so dass sich die verzögerte Larvenentwicklung auch hier zeigen wird.

# 6. Literatur

Becker, G.:

Holzbestandteile und Hausbocklarven-Entwicklung,
in: Holz als Roh- und Werkstoff, 21. Jg., Heft 8, 1963, S.285-289.

Braßler, K.:

Beobachtungen und Erfahrungen. Holzschutz durch Holzauslaugung.,
in: Forstarchiv, Bd. 3, 1927, S. 233-236.

Bundesministerium für Ernährung,
Landwirtschaft und Forsten (Hrsg.):

Gesetzliche Handelsklassensortierung für Rohholz (Forst-HKS), o.O. 1983, S. 1.

Eckstein, K.:

I. Abhandlungen. Beiträge zur Kenntnis des Hausbocks, Hylotrupes bajululus L.,
in: Forst- und Jagdwesen, 52. Jg., Heft 2, 1920, S. 67-72.

Falek, R.:

Die Schneidekonstruktion des Koniferenholzes durch die Larven des Hausbocks (Hylotrupes bajulus L.).,
in: Cellulosechemie, Bd. 1, 1930, S. 80/81.

Grosser, D.:

Pflanzliche und tierische Bau- und Werkholz-Schädlinge,
DRW-Verlag, Leinfelden-Echterdingen. 1985.

Horn, O.:

Über die chemische Veränderung von Kiefernholz durch die Larven des Hausbocks (Hylotrupes bajulus L.).,
in: Gesammelte Abhandlungen zur Kenntnis der Kohle, Bd. 10, 1930, S. 23/31.

Knudsen, P; Cymorek, S.; Bakke, A.:

On the Growth Rate of Larvae of Hylotrupes bajulus (L.) (Col. Cerambycidae) in Timber after Storing in Water and on Land,
In: Material und Organismen, Bd. 4, 1969, S. 99-106.

Leiße, B.:

Holzschutzmittel im Einsatz. Bestandteile. Anwendungen. Umweltbelastungen.,
Bauerverlag, Wiesbaden, Berlin. 1992.

Liese, J.:

Holzschutz durch Auslaugung?,
in: Forstarchiv, Bd. 5, 1929, S. 424-425.

| | |
|---|---|
| Lohmanm, U.: | Stichwort "Floßholz", in: Holz-Lexikon A-K, hrsg. Mombächer, R., DRW-Verlag, Stuttgart 2003, S. 153. |
| Rasmussen, S.: | Nutrional Preference Experiments with Larvae of House Longhorn Beetle (Hylotrupes bajulus), in: Oikos : acta oecologica Scandinavica (Stockholm), Bd. 7, 1950, S. 82/97. |
| Schlottke, E.: | Verdauungsfermente im Darm der Hausbockkäferlarven., in: Biologia generalis, Bd. 16, 1942, S. 1711. |
| Schmidt, H.: | Holzschädlingstafeln: Hylotrupes bajulus. Tierische Holzschädlinge., in: Holz als Roh- und Werkstoff, 9. Jg., Heft 8, 1953, S. 331. |
| Schuch, K.: | Stand und Problematik der ökologischen Erforschung des Hausbockkäfers, in: Zeitschrift für angewandte Zoologie, 41. Jg., Bd. 41., 1954, S. 49-69. |
| Willeitner, H.: | Stichwort "Auslaugen von Holz", in: Holz-Lexikon A-K, hrsg. Mombächer, R., DRW-Verlag, Stuttgart 2003, S. 80. |